AF495315

Louis-Charles-Émile VIAL

MÉCANISME ET DYNAMISME

CARDIAQUES

LOI FONCTIONNELLE DE LA CRÉATION

PARIS

CHEZ L'AUTEUR

1904

MÉCANISME ET DYNAMISME CARDIAQUES

LOI FONCTIONNELLE

DE LA CRÉATION

OUVRAGES DU MÊME AUTEUR

La Chaleur et le Froid. — J. Michelet, Paris, 1884.

    id.   id.   1er supplément J. Michelet, Paris, 1884.

    id.   id.   2e   id.   id.   id. 1884.

    id.   id.   3   id.   id.   id. 1885.

Le Positif et le Négatif. — Duo d'amour en un acte. Lemerre, Paris, 1890.

L'Amour dans l'Univers. — Avec 9 suppléments. Rothschild, Paris, 1896 à 1900.

Mécanisme et Dynamisme. — 1re et 2e parties. Paris, chez l'auteur, 1901.

Louis-Charles-Emile VIAL

MÉCANISME ET DYNAMISME

CARDIAQUES

LOI FONCTIONNELLE DE LA CRÉATION

PARIS

CHEZ L'AUTEUR

1904

LOUIS-CHARLES-ÉMILE VIAL

MÉCANISME ET DYNAMISME CARDIAQUES

LOI FONCTIONNELLE DE LA CRÉATION

INTRODUCTION.

Auteur d'un système dont le principe peut être généralisé jusqu'à lui donner le caractère d'une loi et qui explique, par la double alternance du Positif $+$ avec le Négatif $-$ et du Négatif $-$ avec le Positif $+$, les mécanismes de la génération, de la respiration et de tant d'autres phénomènes, j'ai reconnu que la théorie officielle des mouvements du cœur semble faire exception. Or j'ai trop conscience de la valeur d'une exception pour ne pas en rechercher la cause, car je sens très bien que c'en est fait du système et partant de la loi si je ne triomphe pas de l'exception.

Tel va donc être le sujet de cet entretien. Le lecteur jugera.

Une controverse exige avant tout qu'on en précise l'objet; quelques lignes vont suffire.

On lit dans tous les ouvrages de médecine et on enseigne dans tous les cours que les cavités cardiaques *de même nom* se contractent en même temps, c'est-à-dire que le mouvement des deux ventricules (ceux-ci pris comme exemple) est isochrone. Il en résulte donc que ce jeu est celui d'un corps de pompe à fonction simple et à *jets intermittents*. Or l'expérience démontre que l'écoulement du sang *n'est pas intermittent*.

D'où vient alors cette contradiction entre les faits et les lois de la Physique?

D'autre part, le cœur est un organe double et composé qu'on ne peut pas assimiler à un seul corps de pompe à fonction simple. En effet, le cœur est constitué par deux moitiés jumelles, gauche et droite, accouplées l'une à l'autre en communauté de fonction, qui sont entièrement assimilables à deux pompes jumelles pareillement accouplées l'une à l'autre en communauté de fonction. Il doit donc fonctionner à la manière de celles-ci, et leurs mouvements sont connus: *ils sont composés, alternatifs, de sens contraire, et leur écoulement est continu.* Or, l'observation prouve que *l'écoulement du sang est précisément continu.*

Ici, les faits sont donc d'accord avec les lois de la Physique.

Où est alors la vérité ?

De deux choses l'une ; ou bien les deux ventricules jumeaux se contractent *en même temps dans le même sens*, et l'écoulement du sang est *intermittent ;* ou bien les deux ventricules jumeaux se contractent *alternativement, en sens contraire*, et l'écoulement du sang est *à jet continu*.

Tel est le problème à résoudre.

Étudions alors les choses d'un peu près, en examinant la figure du cœur (fig. 1).

Je remarque d'abord, contrairement à la théorie, que les ventricules *ne sont pas de même nom*, car l'un se nomme *gauche* et l'autre s'appelle *droit* ; ni de même signe, puisque l'un est *positif* + *ou actif* et l'autre *négatif* — *ou passif*.

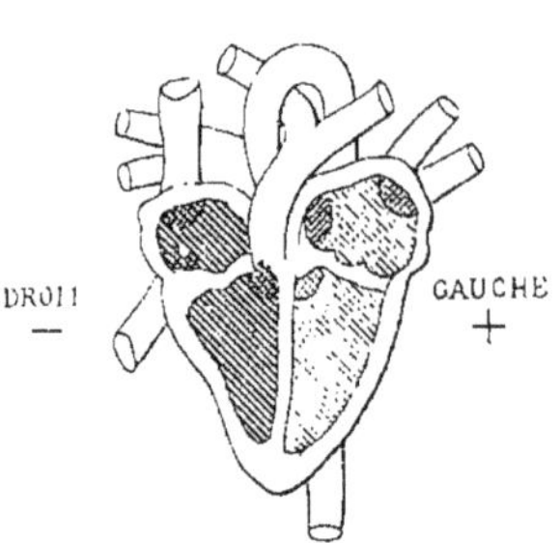

Fig. 1. — Cœur vu de face. Les mots Gauche et Droit indiquent le cœur gauche et le cœur droit Les signes — et + ou négatif et positif qualifient les deux cœurs.

J'observe ensuite qu'ils n'ont pas la même forme, ni la même largeur. ni la même hauteur, ni la même épaisseur, ni la même capacité, ni la même température, ni la même force musculaire pour chasser le sang ou résister à sa pression, ni le même sang, car l'un est artériel et l'autre veineux, ni la même couleur de sang puisqu'elle est noire dans celui-ci et rouge dans celui-là, ni les mêmes fonctions puisque l'un chasse le sang de gauche à droite [1] et l'autre de droite à gauche, et ainsi de suite, ainsi de suite. Bref, figures, caractères, tempéraments, fonctions et jusqu'à leur sexualité, aussi bien à l'état de santé qu'à celui de maladie, tout est dissemblable en eux. Comment les mouvements eux-mêmes ne le seraient-ils pas ?

Je sais bien que de nombreux travaux ont été faits pour mettre d'accord l'écoulement sanguin continu avec l'intermittence reconnue aux mouvements du cœur, et je n'ignore pas davantage que des expériences de cardiographie ont été instituées pour démontrer le synchronisme de ces mouvements, mais tant de travaux et expériences prouvent au moins qu'on n'est peut-être pas encore très fixé sur la nature du phénomène.

Aussi bien, que sont ces travaux et expériences ?

Ici, on a examiné la circulation dans les vaisseaux capillaires et observé que les globules de sang circulaient d'un mouvement uniforme malgré la contraction intermittente du cœur ; ailleurs, on a fait des expériences comparatives, en se servant de tubes de verre et de tubes de caoutchouc mince, pour arriver à constater que l'écoulement du sang est intermittent dans les tubes de verre à parois rigides, tandis qu'il est régulier et continu dans les tubes élastiques. Bref,

---

1. — Je prie de réfléchir que nous lançons toujours le pied gauche *de droite à gauche*, et le pied droit *de gauche à droite* dans le mouvement de marche. Cette loi de contrariété dynamique est inéluctable.

on a conclu que *le mouvement intermittent imprimé au sang par les contractions du cœur se trouve transformé en mouvement continu par l'élasticité des artères.*

Sans nier cette élasticité artérielle, on peut du moins s'étonner qu'on n'ait pas observé la figure si éloquente de l'aorte, et vu que sa crosse, repliée sur elle-même, représente *un syphon à écoulement constant* qui pompe le sang du cœur par aspiration pour l'envoyer sans saccades dans les appareils de la circulation (fig. 2).

Fig. 2. — Crosse de l'aorte ou syphon aortique.

Tous les syphons de l'industrie à écoulement constant sont, pour moi, des *variétés aortiques.*

Là, pour bien démontrer que les cavités cardiaques de même nom se contractent en même temps, on a institué des expériences de cardiographie qui ont enregistré le synchronisme du mouvement dans les deux ventricules.

Mais où est encore le profit de telles expériences, si la vérité n'en sort pas ?

Citons l'une de ces expériences, en empruntant la figure et l'exposé qui l'accompagne au *Dictionnaire de Dechambre, t. XII, p. 438.*

« En enregistrant les mouvements du ventricule
» gauche avec ceux de l'oreillette et du ventricule
» droits fournis par la sonde cardiaque droite, on
» obtient la figure suivante (fig. 3) qui montre le

» parfait synchronisme du mouvement des deux ven-
» tricules. Toutefois une différence doit être signalée
» dans la forme de ces deux mouvements. Le maxi-
» mum de l'effort développé par la contraction corres-
» pond au *début* du mouvement, en *m*, dans le ventri-
» cule droit, et se manifeste à la *fin*, en *m'*, dans le
» tracé du ventricule gauche ».

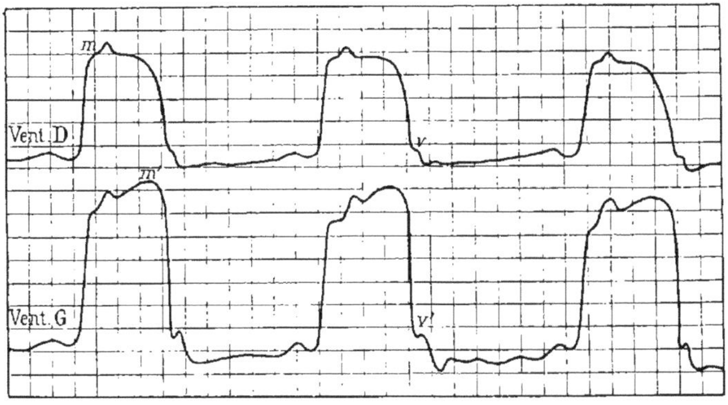

Fig. 3. — Tracés du ventricule droit et du ventricule gauche.

Eh quoi ! *un parfait synchronisme avec une différence de forme...* et c'est tout ! Quoi ! deux termes
extrêmes et contradictoires de *début* et de *fin* ne disent
rien à l'esprit ?

Hélas ! comment n'a-t-on pas mieux interprété
cette différence de forme ? compris qu'elle est la clef
du mécanisme ? et vu que ce synchronisme parfait
est *croisé contradictoirement* ?

Comment n'a-t-on pas réfléchi que le cœur est
une unité cardiaque, c'est-à-dire un couple de deux

moitiés antagonistes et complémentaires ? compris que ces deux moitiés travaillent au rebours l'une de l'autre et non l'une comme l'autre ? et vu qu'elles jouent ensemble une partie liée contradictoirement ?

Analysons les faits, et, pour donner une démonstration encore plus saisissante de cette contrariété dynamique, ajoutons simplement à la figure précédente deux flèches·et deux signes contraires (fig. 4).

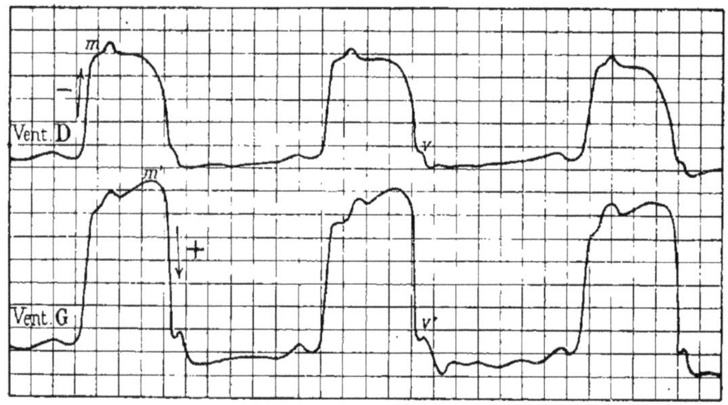

Fig. 4. — Tracés du ventricule droit et du ventricule gauche avec leurs flèches et signes contraires.

Que voyons-nous dans cette figure ?

J'observe de suite que les deux ventricules enregistrent leurs mouvements *au contraire l'un de l'autre*, le droit sur la ligne supérieure de la figure et le gauche sur la ligne inférieure, de sorte que l'un joue *au-dessus* de l'autre qui travaille *au-dessous*.

Je vois aussi que la flèche du ventricule droit *monte en m, début du mouvement négatif* —, tandis que celle du ventricule gauche *descend en m'*, *fin du mouvement positif* -, double contradiction qui me fait comprendre : d'une part, que le premier ventricule signale *son départ* et le second *son arrivée*; d'autre part, que ces deux termes extrêmes et contradictoires, si rapprochés qu'ils soient, ne peuvent pas être *simultanés* parce qu'ils sont *successifs*. L'idée contradictoire de *début* et de *fin* dans ces deux tracés est incompatible avec celle de synchronisme, si on n'admet pas l'alternance du travail. Il en résulte donc qu'un ventricule se vide pendant que l'autre se remplit.

Ce n'est pas tout : *m* et *m'* se font face, opposés l'un à l'autre ; *m* est un droitier et *m'* un gaucher, en sorte que leur mécanisme est de sens contraire ; la fonction de celui-ci est *lévogyre* et celle de celui-là *dextrogyre* ; j'oserais dire de l'un que sa fonction est *masculine* et de l'autre qu'elle est *féminine*, ou bien inversement, car cette assimilation nous permet de surprendre la façon dont l'un des facteurs commence le travail et comment l'autre l'achève. C'est, je le répète, comme une partie liée entre les deux générateurs de l'acte physiologique que je nomme ici *génération cardiaque*.

Il n'y a pas à le nier : avec ses deux oreillettes et ses deux ventricules couplés en antagonisme et complémentaires l'un de l'autre, le cœur est *une unité d'appareil cardiaque* ou un couple de deux moitiés contraires qui font chacune à tour de rôle leur moitié de travail et qui ne sont, elles-mêmes, que de plus petites unités de deux moitiés contraires couplées deux à deux contradictoirement, et ainsi de suite pour toutes les plus minuscules parties de l'appareil cardiaque. Il en résulte donc, c'est l'ordre naturel, qu'un acte ne s'accomplit jamais que par la combinaison de deux 1/2 actes contraires, dont l'accroissement successif et de la même façon engendre une plus grande unité d'acte. L'écoulement sanguin s'opère ainsi par 1/2 ondes contradictoires qui se couplent deux à deux pour faire des ondes, lesquelles, grossies à leur tour de celles qui les précèdent et de celles qui les suivent, constituent des vagues, génératrices elles-mêmes de la marée sanguine. C'est la succession de tous ces mouvements contradictoires qui constitue l'unité de notre rythme vital.

Si on a bien saisi ma pensée, on voit que le tracé d'un ventricule ne représente qu'une moitié de travail ou d'onde, et qu'il faut nécessairement coupler ensemble les deux tracés droit et gauche pour avoir la totalité du travail ou de l'onde. Or, comment coupler face à face deux moitiés de travail qui ne se regardent pas ? — *En retournant simplement la figure de l'une de ces moitiés, contre-partie de l'autre.*

Ainsi, par exemple, renversons le tracé gauche de la figure 3 pour le coupler ensuite avec le tracé droit, nous obtiendrons aussitôt la figure 5 qui représente exactement *l'unité d'onde ventriculaire.*

En physique, on dit de ce renversement qu'il est un *redressement de courant* ; moi, je l'appelle ingénument une *fermeture de courant* ou une *union conjugale.*

Ce redressement de l'un des deux tracés démontre péremptoirement

1° que la gauche est bien une inversion de la droite et sa moitié complémentaire d'unité ;

2° que le cardiographe est un appareil qui enregistre l'un des deux mouvements à contre-sens de sa direction naturelle.

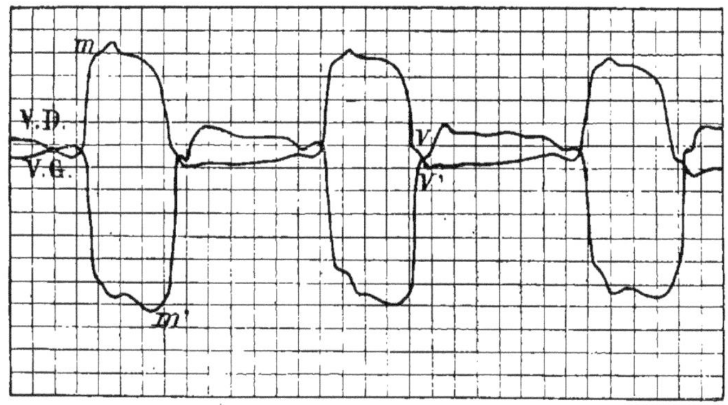

Fig. 5. — Unités d'ondes ventriculaires avec leurs ventres et leurs nœuds périodiquement rythmés.

Dynamique ou mécanique, mentale ou corporelle, l'unité est toujours un couple de deux moitiés antagonistes dans sa constitution, et, pour prendre au hasard, nul ne saurait obtenir *l'unité de l'appareil de préhension*, ni *celle de l'appareil de marche*, sans opposer face à face les deux mains par la *paume* ou les deux pieds par la *plante*.

La raison de ce fonctionnement croisé est facile à comprendre ; le cœur est le réservoir central du sang qu'il doit distribuer au corps en long, en large et en travers dans les trois dimensions de l'espace ; or,

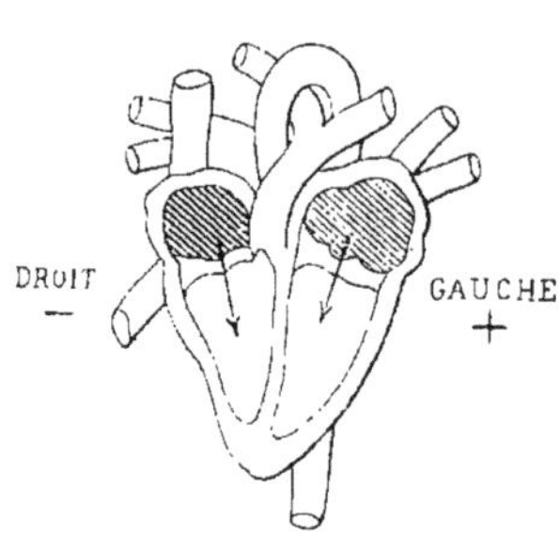

Fig. 6.
Schéma de la théorie officielle.

comment pourrait-il opérer son travail, si son mécanisme ne se croisait pas suivant ces trois grands axes ?

Pour bien faire comprendre comment je conçois l'alternance et le rythme de ce travail dynamique, et afin de mieux établir aussi les caractères différentiels de mon système et de la théorie officielle, je vais en donner deux schémas comparatifs (fig. 6 et 7).

Le cœur est représenté (fig. 6) avec ses quatre cavités ; les deux oreillettes pleines se vident en même temps l'une et l'autre dans les deux ventricules ; à leur tour, ceux-ci se vident dans les artères en même temps l'un et l'autre, et le travail recommence ensuite de la même façon. Le sang sort donc des deux oreillettes par un premier mouvement synchrone dans le sens des flèches ↓ ↓, et il sort ensuite des deux ventricules par un second mouvement synchrone inverse du premier ↑ ↑. *C'est une mesure à deux mouvements d'inégale durée, à jeu droit, ou de haut en bas et de bas en haut.*

Le cœur est représenté (fig. 7) avec ses quatre cavités ; l'oreillette gauche et le ventricule droit sont pleins, mais *en croix l'un avec l'autre* ; l'oreillette

droite et le ventricule gauche sont vides et sembla-
blement croisés. Les signes — et +, + et —, sont
antagonistes et peuvent se cou-
pler contradictoirement de quel-
que côté qu'on les regarde.

Le mécanisme est facile à
comprendre :

— l'oreillette gauche se vide, le
   ventricule gauche se remplit,
— le ventricule gauche se vide
   à son tour, l'oreillette droite
   se remplit,

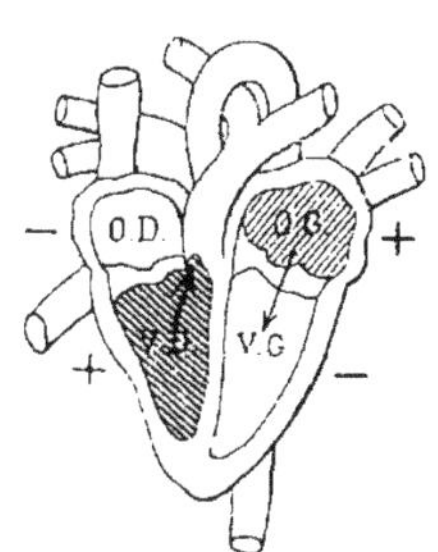

Fig. 7.

Schéma du système.

— l'oreillette droite se vide ensuite, le ventricule droit
   se remplit,
— enfin le ventricule droit se vide, l'oreillette gauche
   se remplit,

et un nouveau cycle recommence.

On voit de quelle façon le rythme est établi et
comment le travail se poursuit sans interruption
d'une cavité à l'autre par un mouvement alternatif et
croisé qui va incessamment du plein au vide et du
vide au plein. *C'est une mesure à quatre mouvements
d'inégale durée, à jeu croisé, ou de haut en bas, de bas
en haut, de gauche à droite et de droite à gauche.*

On saisit bien la différence entre la théorie et le
système.

S'il pouvait encore rester un doute sur ce fonctionnement alternatif et croisé, j'en demanderais la preuve
irrécusable à M. Marey, lui-même, qui a inventé un

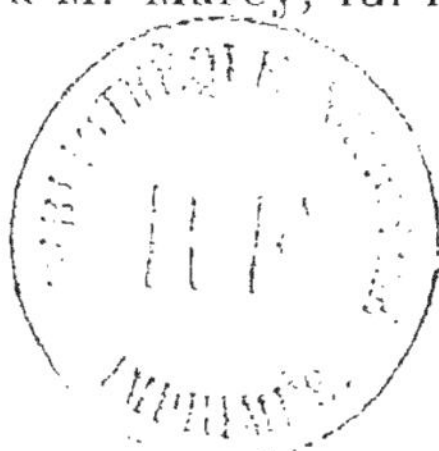

appareil reproduisant à volonté les mouvements du cœur, le jeu de ses valvules et leurs bruits. (*T. XVII*, p. *445 du même dictionnaire*).

Or, cet appareil est constitué par la réunion *d'une oreillette droite* à *un ventricule gauche*, c'est-à-dire que son fonctionnement est précisément conforme à celui de mon système ! Comment ce savant ne s'est-il pas aperçu que le montage *d'un 1/2 cœur droit sur un 1/2 cœur gauche*, qu'il nomme cœur *unique*, constituait un mécanisme *à jeu croisé* et qu'il était en conséquence la condamnation du synchronisme parfait *à jeu droit* ? N'est-ce pas là se suicider ?

Mais ce n'est pas le seul profit qu'il y ait à retirer de cette nouvelle interprétation ; elle nous apprend, en effet, ce qu'est une *révolution cardiaque* et quelle est *sa constitution*.

Déjà, si on considère que le sang doit nécessairement passer dans les quatre cavités du cœur avant de recommencer un nouveau cycle, déjà il faut admettre qu'une révolution cardiaque comprend quatre modes ou *périodes* successives de mouvements cycliques.

D'autre part, si on réfléchit qu'un mouvement se compose toujours de deux temps contraires *d'aller* et de *retour*, et que chacune des quatre cavités exige aussi deux temps contraires de dilatation et de contraction pour l'entrée et la sortie du sang, force est bien de conclure qu'*il y a huit temps contraires dans une révolution*.

J'appelle donc *révolution cardiaque* tout l'espace de temps compris entre deux contractions successives de l'oreillette gauche prise comme point de départ d'un cycle, et je nomme *sa constitution* les huit temps successifs et contraires de dilatation et de contraction qui engendrent les quatre périodes cycliques de cette révolution.

Normalement, une révolution cardiaque est, pour moi, comme une gamme musicale à huit notes ou octave. Par leurs bruits doubles et contraires, harmonieusement rythmés et incessamment répétés, les battements du cœur font en effet de la vie *une musique* et *un nombre.*

Il ne me serait pas difficile de trouver en faveur de ma thèse d'autres témoignages convaincants, tels, par exemple, ces tracés des deux ventricules attestant que *des accidents positifs + présystoliques dans le ventricule gauche,* correspondent en même temps à *des accidents négatifs – présystoliques dans le ventricule droit,* mais la démonstration me semble suffisamment établie pour qu'il soit inutile d'argumenter davantage ; le cœur, avec son aorte, agit à la manière d'une double pompe foulante et aspirante (fig. 8).

Certes, il y aurait encore beaucoup à écrire s'il me fallait étendre mon système au jeu alternatif gauche et droit, droit et gauche, des valvules, des artères et des veines, toutes soumises à la même loi, et si je devais

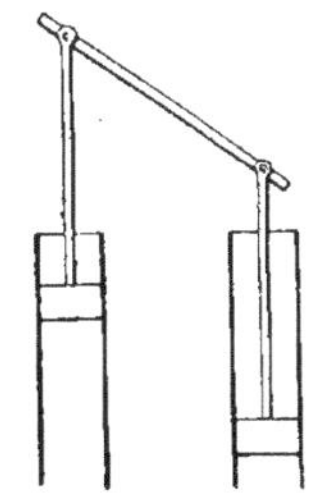

Fig. 8. — Double corps de pompe. Le mouvement du balancier se croise sur lui-même et les deux pistons alternent.

suivre la marche du sang dans la circulation générale, mais, quelle que soit ma curiosité, la promenade de son parcours étendu est si laborieuse pour les yeux d'un profane qu'on ne m'en voudra pas d'en retarder l'inspection. Pourtant, je peux dès à présent jeter ici les bases d'un nouveau principe de sérieuse portée.

Quand je réfléchis que le tissu de notre cœur, organe central de la circulation, est constitué par des fibres musculaires et nerveuses *enroulées sur elles-mêmes* en forme de tourbillons croisés en huit de chiffres, *à la manière de véritables bobines*, qui ont pour mission de mettre le sang en mouvement et d'en régler la marche dans les vaisseaux, *c'est-à-dire de le dynamiser*, je ne peux me défendre de considérer le cœur, avec ses deux sacs de sang artériel et veineux, comme une pile à liquides différentiés, composée de deux éléments couplés en contradiction et séparés par une cloison membraneuse plus ou moins endosmotique au travers de laquelle se font les échanges des courants électro-magnétiques vitaux ;

et je ne cesse ensuite de me dire que ces courants vitaux multiplient leur intensité à chaque parcours des bobines fibro cardiaques qui sont de véritables multiplicateurs de forces et de sensations *à courants alternatifs*.

Déjà constitués pendant la vie utérine de l'être et chargés, à sa naissance, par le jeu des poumons du dynamisme de l'air, seul agent vivifiant, les deux fleuves artériel et veineux sont des liquides différents aussi bien par leur constitution physique et leur composition chimique que par leurs propriétés dynamiques. Que leurs relations s'établissent par mélange intime ou par simple contact, il n'importe ; de leurs combinaisons dynamiques, incessamment variées, naissent tous les éléments constitutifs de notre organisme à ses différents âges.

Ce n'est pas tout : je répète ici pour le cerveau ce que je viens d'écrire pour le cœur. En effet, le cerveau est une unité encéphalique de deux hémisphères antagonistes, couplés en communauté de fonction et reliés par des bobines fibro-cérébrales aussi croisées en huit de chiffres. Or, qu'importe que les courants ou mouvements dynamiques se nomment *psychiques, cardiaques, atmosphériques* ou bien *marins* ; la loi de circulation est la même en tout et partout. Il faut bien le reconnaître : de même que la Terre et le Soleil, leur moteur initial, *l'homme est une machine électro-magnétique à courants alternatifs* dont les manifestations radiatrices sont simplement de modes et de noms différents, suivant la structure et l'état moléculaire du Mécanisme anatomique, suivant aussi le sens du courant Dynamique.

En résumé, et pour terminer, j'ai voulu démontrer aujourd'hui que la théorie accréditée des mouvements du cœur repose sur une erreur d'interprétation et que *la loi fonctionnelle de la Création* ne souffre pas d'exception ; le lecteur jugera si j'y ai réussi.

Paris, 12 février, 1904.

LILLE, IMPRIMERIE LE BIGOT FRÈRES

9 782019 664039